Matthias Jüttner

Bodenerosion und Böden Nordwestdeutschlands

GRIN Verlag

Bibliografische Information der Deutschen Nationalbibliothek:

Die Deutsche Bibliothek verzeichnet diese Publikation in der Deutschen National-
bibliografie; detaillierte bibliografische Daten sind im Internet über http://dnb.d-
nb.de/ abrufbar.

Impressum:

Copyright © 2006 GRIN Verlag, Open Publishing GmbH
Druck und Bindung: Books on Demand GmbH, Norderstedt Germany
ISBN: 978-3-640-84443-2

Dieses Buch bei GRIN:

http://www.grin.com/de/e-book/167732/bodenerosion-und-boeden-nordwestdeutsch-
lands

GRIN - Your knowledge has value

Der GRIN Verlag publiziert seit 1998 wissenschaftliche Arbeiten von Studenten, Hochschullehrern und anderen Akademikern als eBook und gedrucktes Buch. Die Verlagswebsite www.grin.com ist die ideale Plattform zur Veröffentlichung von Hausarbeiten, Abschlussarbeiten, wissenschaftlichen Aufsätzen, Dissertationen und Fachbüchern.

Besuchen Sie uns im Internet:

http://www.grin.com/

http://www.facebook.com/grincom

http://www.twitter.com/grin_com

Universität Augsburg
Institut für Geographie
Datum: 12. 07.2006

Hausarbeit zur großen Exkursion "Nordseeküste" - Sommersemester 2006

31. Juli - 09. August 2006

Bodenerosion
und
Böden Nordwestdeutschlands

Matthias Jüttner
Diplom Geographie
Fachsemester 6

Inhaltsverzeichnis

1. Bodenerosion - Prozesse und Folgen

Erosion ist der Abtrag von Material von der Landoberfläche und dessen Verlagerung durch ein bestimmtes Medium wie Wasser oder Wind. Man spricht in der Regel von Erosion wenn die Materialverlagerung linienhaft geschieht, bei flächenhaftem Abtrag benutzt man im deutschen Sprachgebrauch eher das Wort Denudation. Bei der Bodenerosion treten beide Formen auf, meist in kombinierter Form. Erosion ist ein Prozess der zwei Teilprozesse beinhaltet, erstens die Ablösung der Bodenpartikel vom Untergrund, und zweitens den anschließenden Transport durch das erosiv wirkende Medium. Physikalisch ausgedrückt wird nach den Gesetzen der Energieerhaltung potentielle Energie in kinetische Energie umgewandelt. Die kinetische Energie bestimmt also wie stark z.B. das Wasser Bodenteilchen aus dem Verbund herauslösen kann. Aus der Formel für die Bewegungsenergie $E_{kin} = \frac{1}{2} mv^2$ wird sofort ersichtlich dass ihr Betrag mit steigender Geschwindigkeit in der zweiten Potenz zunimmt, die Geschwindigkeit des abtragenden Mediums ist also die entscheidende Größe bei der Erosion.

Etwas allgemeiner gefasst kann man die Faktoren der Erosion in drei Gruppen teilen (MORGAN 1999, S.2). Da wäre einmal die **Energie**, d.h. die Faktoren die das Erosionsmedium direkt betreffen, der **Widerstand**, all jene Gegebenheiten welche die Widerstandsfähigkeit des Untergrunds ausmachen, und der **Schutz**, also welcher Schutz der Bodenoberfläche durch Pflanzen oder Fremdmaßnahmen der Erosion entgegenwirken.

Die Energie die aufgebracht wird um Material zu erodieren ist die Erosionsfähigkeit oder **Erosivität** des jeweiligen Mediums. Wie schon erwähnt ist die Wasser- bzw. Windgeschwindigkeit ein ausschlaggebender Faktor. Aber auch die Topographie des Geländes wo die Erosion angreift ist von entscheidender Bedeutung. Wind braucht ein offenes Land um ohne Abbremsung hohe Geschwindigkeiten erreichen zu können. Das Wasser ist an den Boden gebunden, deshalb sind hier Reliefeigenschaften wie Hangneigung oder vor allem Hanglänge entscheidend. Auch die Wölbung des Hanges ist mit ein Punkt, das Wasser greift an konkav gewölbten Hängen am stärksten an.

Der Widerstand des Untergrunds wird bestimmt durch die Erosionsempfindlichkeit, oder **Erodibilität**, des Bodens. Diese Faktorengruppe ist stark von den physikalischen und chemischen Eigenschaften des Bodens abhängig. Ist ein Boden beispielsweise aufgelockert, sei es durch Frost- oder Tonmineralquellung oder auch Viehtritt, können die abgehobenen Teilchen leichter mitgenommen werden. Die Feuchtigkeit des Bodens ist ebenfalls entscheidend. Kann viel Wasser in einen trockenen Boden infiltrieren verringert das die Menge an Oberflächenabfluss uns somit die Wirkung an der Geländeoberfläche. Trockene Böden mit einer guten Wasserführung sind also gegen Wassererosion weniger anfällig als schon vollständig mit Wasser gesättigte. Wind dagegen greift trockene Böden stärker an weil die Feuchtigkeit ein Verdichten des schweren Lockermaterials hervorruft.

Zum Schutz gegen Bodenverluste gibt es je nach Erosionsart passende Maßnahmen. Zum Schutz gegen Wasser kann man direkt die Abflussbahnen stabilisieren was jedoch einen enormen Aufwand mit sich bringt. Das so genannte Konturpflügen, also Pflugrinnen entlang des Hangstreichens, verringert ebenso die Abspülung und leiten das Wasser langsam zu den Seiten hin ab. Um dem Wasser die Erosivität zu nehmen können außerdem die Fließwege verkürzt werden, oder man sorgt für eine geringere Hangneigung. Terrassierung von landwirtschaftlichen Flächen kann bei diesem Ziel Abhilfe schaffen. Ein Auflockern des Bodens schafft zwar größere Zwischenräume für einsickerndes Wasser, der zerkleinerte Boden ist aber anfälliger gegen Ablösung von Bodenpartikeln. Je nach Situation kann diese Maßnahme Vor- oder Nachteile haben. An landwirtschaftlich genutzten Flächen die starker Bodenerosion ausgesetzt sind kann durch Bepflanzung mit erosionsmindernden Arten zusätzlich dem Bodenverlust entgegengewirkt werden. Es sind dies Pflanzen mit starker Durchwurzelung des Bodens was zur Stabilisierung beiträgt, und/oder einer dichten Bedeckung der bodennahen Schicht wodurch das abfließende Wasser abgebremst wird und an Erosionskraft verliert.

Gegen Windeinwirkung verwendet man zum Teil Bewässerungsmaßnahmen um den Boden zu verdichten und damit zu schützen. Eine grobe bröckelige Oberfläche verringert durch stake Verwirbelungen der Luft die Windkraft direkt an der Geländeoberfläche. Vegetationsbedeckung bremst den Wind ebenso aus, bei landwirtschaftlicher Nutzung wird diese aber bei der Ernte entfernt. Bauern lassen deshalb oft Rückstände der Pflanzen bei der Ernte stehen um den Boden bis zur nächsten Aussaat zusätzlich zu befestigen. Als eine sehr wirkungsvolle Methode des Windschutzes haben sich Windschutzstreifen aus Flurgehölzen erwiesen. Diese werden so gepflanzt dass sie den Wind gegen besonders offene Flächen abschirmen. Die Wirkung zeigt sich vor sowie hinter dem Schutzstreifen. In Luv schützt die Maßnahme das Land bis zur fünffachen Baumhöhe vom Schutzstreifen entfernt, in Lee ist sogar ein Gebiet von zwanzigfacher Baumhöhe Ausdehnung abgeschirmt.

1.1. Wassererosion

Bei starken Regenfällen wenn der Boden nicht das gesamte Wasser aufnehmen kann fließt es als **Oberflächenabfluss** den Hang hinab. Das Ablösen der Partikel geschieht in Folge der so genannten **Splash-Wirkung** der Regentropfen. Beim Auftreffen schlagen diese auf der Oberfläche ein und reißen mit ihrer Bewegungsenergie Bodenteilchen aus dem Verbund (siehe Titelbild). Der Abfluss an der Oberfläche transportiert sie dann. In Mitteleuropa setzt sichtbare Wassererosion bei Niederschlägen >5mm/h, verbunden mit einer Hangneigung >4% und einer Hanglänge von >50m, sowie einer geringen Bodenbedeckung durch Pflanzen von >50% ein. Besonders erosionsgefährdete Bodenarten sind sandiger Lehm und lehmiger Sand. (FIEDLER 2001, S.444) Die mitgeführte Fracht wirkt aber während des Transports selbst noch erosiv. Sie stößt noch fest mit dem Boden verbundenes Material an und reißt sie so im Wasserstrom mit (**Abrasion**). Das hat oft zur Folge dass die Erosion ihren flächenhaften Charakter verliert und sie sich in Rinnen weiter ausbreitet. Durch Ackerbau oder Relief entstandene Vertiefungen können diese **Rinnenerosion** ebenfalls auslösen bzw. verstärken. Die **Grabenerosion** ist eine sehr ausgeprägte Form dieser linienhaften Erosion, wie der Name schon sagt werden ganze Gräben geschaffen; von einer enormem Menge an Wasser und einem gut erodierbarem Boden kann hierbei ausgegangen werden. Die kleinste Form ist die **Rillenerosion** (rill erosion) wie sie in Folge von Oberflächenabfluss an Hängen vorkommt. In den Bereichen zwischen den Rillen kann durch Splash-Wirkung weiterhin Erosion passieren deren abgetragenes Material dann durch Oberflächenabfluss in die Rillen gespült wird. Man nennt diese Form auch **Zwischenrillenerosion** (interrill erosion). Bei Massenbewegungen wo sehr große Mengen Material verlagert werden wirkt der Wassereinfluss in erster Linie von Innen. Es verändert die Stabilitätsverhältnisse des Untergrunds und kann so das Abrutschen ganzer Hangteile begünstigen. Trockenen Böden mit hohem Anteil an Tonmineralen sind Paradebeispiele für die innere Wirkung des Wassers. Das Wasser lässt die Tonminerale aufquellen und der Boden wird stark aufgelockert. Die kleinen Körner des Tons fühlen sich, wenn sie nass sind, regelrecht seifig an, und so verhalten sie sich auch als Schicht in einem Bodenkomplex, der gesamte darüber liegende Teil gleitet auf dieser rutschigen Tonschicht ins Tal. Die Formen der Bodenerosion und die Verbreitung am Hang sind in Abbildung 1 noch einmal zusammengefasst.

Die mittlere Menge des durch Wasser abgetragenen Materials kann in der **Allgemeinen Bodenabtragsgleichung** (universal soil loss equation) zusammengefasst werden. Die einzelnen Variablen sind dabei alle multiplikativ miteinander verbunden, das heißt die

Vergrößerung jedes Einflussfaktors führt zu einer Steigerung des mittleren Bodenabtrags. Die Gleichung gibt den mittleren jährlichen Bodenabtrag in Tonnen pro Hektar Fläche an:

$$A = R \bullet K \bullet L \bullet S \bullet C \bullet P$$

mit:
R = Regenfaktor   [N/h]
K = Bodenerodierbarkeit
L = Hanglänge
S = Hangneigung
C = Nutzungsfaktor
P = Erosionsschutz

Ein Manko der Universal Soil Loss Equation ist mit Sicherheit dass sie nur für flächenhaften Abfluss an der Hangoberfläche konzipiert ist. Es ist außerdem nicht ersichtlich wie viel Material beim Transport ins Tal wieder am Hang akkumuliert wird, etwa durch zu geringe Wassergeschwindigkeiten in manchen Bereichen oder durch Hindernisse im Relief. Das Ergebnis müsste demnach nach unten korrigiert werden weil ja von mehr Material ausgegangen wird als dem Boden eigentlich entnommen wurde. Die gerichtete Erosion in Rillen wirkt jedoch erosiver als flache Abspülung, demnach müsste man die Gleichung nach oben korrigieren, da eben nur vom weniger wirksamen Flächenabfluss ausgegangen wird. Bei der praktischen Anwendung der Gleichung können durch diese Umstände deshalb große Unsicherheiten und Fehler entstehen. Dennoch können mit der Bodenabtragsgleichung wertvolle Erkenntnisse gewonnen werden, etwa dass ein jährlicher Abtrag von 10-15 t/ha einer Verkürzung eines Bodenprofils von etwa 1mm entspricht. Der für die Landwirtschaft tolerierbare jährliche Bodenverlust liegt bei etwa 8-10 t/ha, verglichen mit der mittleren Bodenneubildung pro Jahr von < 1 t/ha liegt es auf der Hand, dass die Verluste nicht auf natürlichem Weg gedeckt werden können (FIEDLER 2001, S.444).

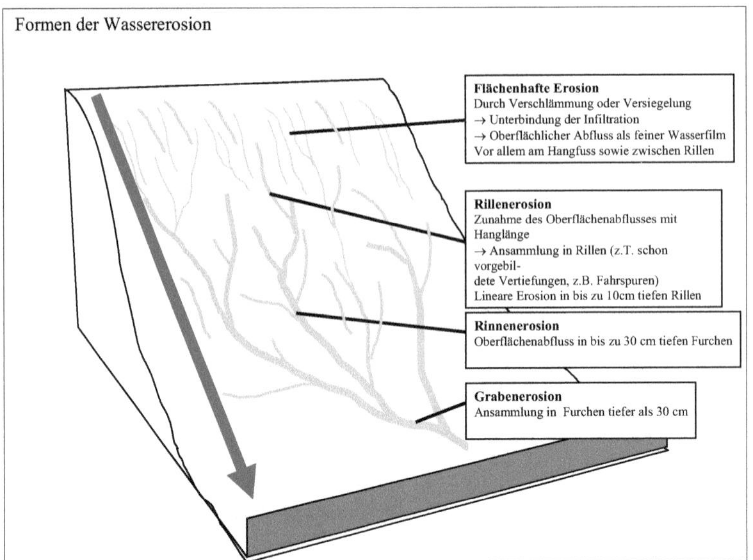

(Abb. 1: Formen der Wassererosion - Quelle: http://www.bl.ch/docs/bud/boden/fotos/erosion/main-erosion.htm)

1.2. Winderosion

Der Wind ist beim Bodenabtrag nicht so wirkungsvoll wie Wasser, die Verlagerung des Materials kann jedoch relativ ungebunden passieren, und je nach Korngröße auch extrem weit wirken. Kies und Grobsand können nur rollend vorangetrieben werden. Feinerer Sand und grober Schluff bewegen sich springend über die Landoberfläche. Die Energie reicht dabei aus um das Korn vom Boden abzuheben, für einen weiteren Transport jedoch nicht. Bei dieser im Fachjargon bezeichneten **Saltation** kommt es auch zum Herausschlagen von Bodenpartikeln durch die transportierten Körner wenn sie auf die Erde zurück fallen. So verstärken die bewegten Materialien wie bei der Wassererosion selbst auch noch den Abtrag. Die feinsten Korngrößen werden wenn sie einmal abgelöst wurden in der Schwebe transportiert so lange die Windgeschwindigkeit ausreicht und keine Hindernisse den Flug unterbrechen (Abb. 2). Der Transport von Feinmaterial kann über enorme Strecken gehen, so werden manchmal sogar Wüstensande aus der Sahara bis weit ins Festland der Nordhalbkugel getragen und dort dann als dünne Deckschicht abgelagert.

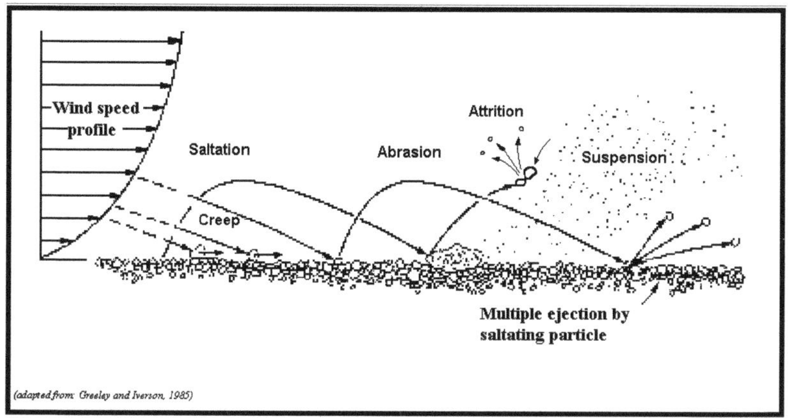

(Abb. 2: Materialtransportformen bei der Winderosion - Quelle: www.griffith.edu.au)

Kleinste Formen der Materialverlagerung durch Wind sind Windrippeln auf sandigem Boden, sozusagen eine Mikroform der Sanddüne. Dünen sind in Wüsten verbreitet, aber man findet sie auch im Nordwestdeutschen Raum. Der Abtrag setzt in Mitteleuropa bei Windgeschwindigkeiten von >8 m/s, gemessen in 10m Höhe, ein, eine geringe Vegetationsdecke von unter 20% und eine windoffene Landschaft sind ebenfalls Vorraussetzung. Fraktionen des Mittel- und Feinsands werden, wenn sie trocken sind, am leichtesten von der Oberfläche abgehoben, kleinere sind durch ihre kompakte Lage schwerer aus dem Verbund lösbar (FIEDLER 2001, S.445)

Auch für die Winderosion gibt es Formeln um den Bodenabtrag quantitativ abzuschätzen. Die **"revised wind erosion equation"** ist eine Funktion aus Wetter-, Boden- und sog. Managementfaktoren, das sind zum Beispiel Faktoren des aktiven Bodenschutzes.

$$\underline{A = f\,(I,\ C,\ K,\ L,\ V)}$$

mit:

I = Bodenerodierbarkeitsindex
K = Rauhigkeit der Bodenoberfläche
C = Klimafaktor
L = Länge des ungeschützten
   Landes in Windrichtung
V = Vegetationsindex

Im Norddeutschen Raum ist abgesehen von den Flusslandschaften die Winderosion vorherrschend. Die Landschaft macht dies auch sofort deutlich wenn man an die Dünenlandschaften der Nordseeinseln denkt. Aber der Wind wirkte hier auch bis weit ins innere der Geest, als das Küstennahe Grundmoränenland ausgeblasen wurde und hinter den Endmoränen Dünen aufgehäuft wurden. Zu diesem Punkt wird in Teil 2 näher eingegangen. Die Vorraussetzungen sind hier durch das Materialangebot gegeben, die sandigen Korngrößen lassen sich wie bereits erwähnt gut erodieren, aber vor allem der Längenfaktor für ungeschütztes Land sorgt hier für eine größere Winderosion als beispielsweise im stärker reliefierten und mit Pflanzen bedeckten Raum Süddeutschlands. An den Extremstandorten im salinen Küstenbereich siedeln anfangs nur wenige und sehr kleine Arten, wie etwa der Queller der Salzwiesenbereiche. Diese bieten dem Untergrund kaum Schutz gegen den angreifenden Wind. Auch die Marschenbereiche sind gegen Abtrag durch Wind relativ ungeschützt, und büßen so zum Teil den meist sowieso geringmächtigen humosen Oberboden ein. Die vorhandene Vegetation wird durch den Windtransport noch zusätzlich geschwächt wenn hohe Transportraten bei hohen Geschwindigkeiten auftreten. Pflanzenteile können durch das Material wie mit einem Sandstrahlgebläse abgeschliffen werden, oder die Pflanzendecke wird unter einer für sie unüberwindbaren Sanddecke begraben.

2. Die Bodenregionen Nordwestdeutschlands

In der Bodenkunde werden Gebiete mit gleichen oder ähnlichen Entwicklungsvorgängen, und daraus resultierenden Merkmalen, zu Einheiten zusammengefasst. Es werden **Bodenregionen** unterschieden deren Unterteilung in erster Linie von der großräumigen geologischen Situation bestimmt wird. Vor allem das Ausgangssubstrat auf dem die Bodenbildung einsetzen kann ist für die Gliederung relevant. In Deutschland sind es 12 Bodenregionen, davon sind 4 im Norddeutschen Tiefland verbreitet (Abb.1). Die Bodenregionen sind ihrerseits weiter unterteilt in **Bodengroßlandschaften**. Dabei wird in den großen Bereichen gleicher Ausgangssituation die Morphologie und das Relief, welches zur Bodenbildung beiträgt, differenzierter betrachtet. Innerhalb gleicher Großlandschaften treten theoretisch auch gleiche Böden auf, je nach kleinräumiger Situation können aber auch Böden auftreten die für diese Region eigentlich nicht typisch sind. Um trotzdem eine Vereinheitlichung der in einer Landschaft auftretenden Böden machen zu können werden sog. **Leitböden** angeführt. Das sind die Bodentypen die bei gegebenen Vorraussetzungen und bei den vorherrschenden morphologischen Prozessen am weitesten verbreitet sind. Der Ostteil Norddeutschlands ist von jungen pleistozänen Formen geprägt, demnach ist dies auch die "Bodenregion der Jungmoränenlandschaften" (3). Im Folgenden wird diese Region jedoch nicht behandelt da sie im Nordwesten, welchen diese Arbeit beschreibt, nicht vorhanden ist. Die Zahlen in Klammern bei der Beschreibung der Bodenregionen beziehen sich auf die Einteilung in Abbildung 3 (S.9). Die komplette Legende findet man in LIEDKE/MARCINEK 2002 ab Seite 258.
Im Nordwestdeutschland findet man nur 3 Bodenregionen. Dort gab es keinen jüngeren Eisvorstoß im Pleistozän als den der Saale-Eiszeit. Diese alten Formen bilden die "Bodenregion der Altmoränenlandschaften" (4) die den Großteil des Gebiets abdeckt. In Nordwestdeutschland sind in dieser Region 3 Bodengroßlandschaften vertreten. Da wären einmal der Bereich der Grund- und Endmoränen (4.1), Bereiche mit sandigem Untergrund wie Flugsand und sandigen Endmoränen (4.3) und noch die Niederungen und Urstromtäler des Altmoränengebiets (4.5). Eine Region die nicht an das Substrat gebunden ist, sondern sich in ganz Deutschland ausbilden kann, ist die "Bodenregion der (überregionalen) Flusslandschaften" (2). Abgesehen von wenigen alten Flussterrassen im Westen und Südwesten Deutschlands (2.2) ist in dieser Bodenregion die Bodengroßlandschaft der Auen und jungen Flussterrassen vertreten (2.1). An Elbe und Weser kann man diese Auenlandschaft finden. Die dritte Region ist speziell an die Nordsee gebunden, und an den Umstand dass dort ein periodischer Tidenhub herrscht. Die Landschaft dort wird ständig verändert und hat sich so auch erst nach dem Eiszeitalter, also erst im Holozän, entwickeln können. Es ist demnach die "Bodenregion des Küstenholozäns" (1). Diese Region wird eingeteilt in 4 verschiedene Großlandschaften: Die Ästuargebiete (1.4.), die Bereiche mit Ausbildung von Marschenböden

und die damit vergesellschafteten Moore (1.3), das Watt der Nordseeküste (1.2) und die vorgelagerten Nordseeinseln (1.1).
Im Folgenden werden nun für jede dieser Bodenregionen in Nordwestdeutschland die Ausgangssituation und die bodenbildenden Prozesse beschrieben, sowie die zugehörigen Leitböden angesprochen.

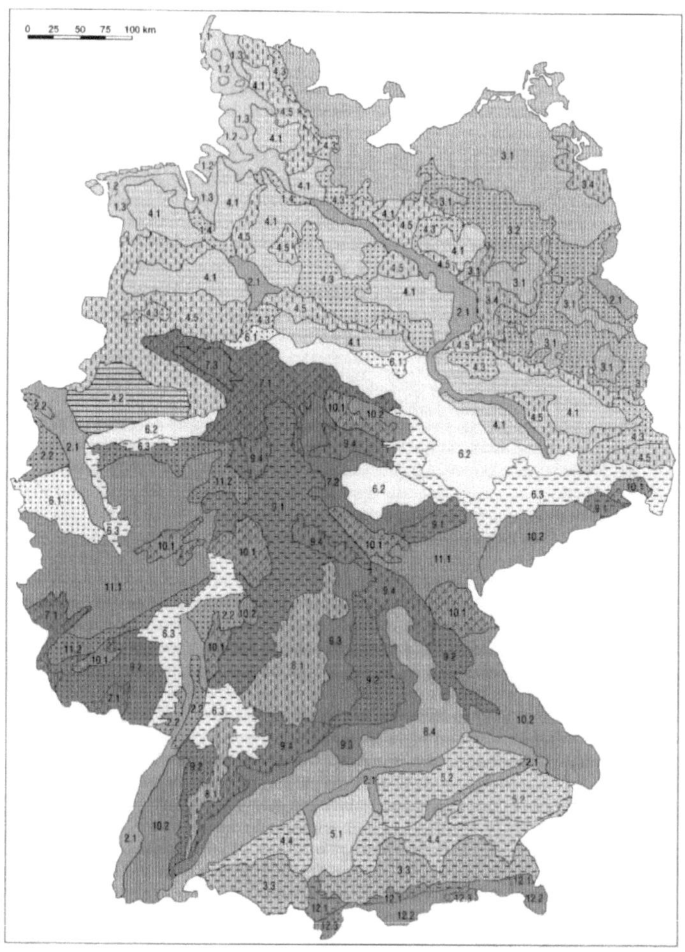

(Abb. 3: Bodenkarte von Deutschland - Quelle: Liedke/Marcinek 2002, 258)

2.1. Die Bodenregion der Altmoränenlandschaften

Die Ausgangssituation dieser Landschaft ist geprägt von den altpleistozänen Sedimenten der Saale-Eiszeit. Dies sind Geschiebelehme und Sande im Bereich der **Grundmoränenplatte** und ein hügeliges Relief im Bereich der **Endmoränen**. Hauptsächlich sind dort aber jüngere Sedimente an der Oberfläche verbreitet, nämlich Geschiebesande und Schmelzwassersedimente der Weichsel-Eiszeit. Der Eiskörper ist nicht bis auf das Festland vorgedrungen und so wurde das Altmoränengebiet lediglich von periglazialen Prozessen beeinflusst die zur Entkalkung, Nährstoffausspülung und Überdeckung mit Geschiebesanden geführt haben. Die Sanderflächen der Grund- und Endmoränengebiete wurden im Holozän durch starke Winde ausgeblasen und teilweise eingeebnet. Der dabei transportierte Flugsand lagerte sich hinter den Endmoränen ab und bildete dort eine Dünenlandschaft aus. Es befinden sich also junge Decksande über alten pleistozänen Gletscherablagerungen die durch ihr Alter und der damit einhergehenden Verfestigung nicht annähernd so wasserdurchlässig sind wie die aufliegenden, lockeren Flug- und Schmelzwassersande. In Muldenlagen und besonders im Gebiet der tiefen **Urstromtäler** kann sich Regenwasser stauen, oder nah anstehendes Grundwasser den Bodenkörper beeinflussen. In diesen Fällen ist die Ausbildung von Mooren möglich. Ausgedehnte **Moore** gibt es in den schon erwähnten Urstromtälern hinter den Flugsanddünen. Sie waren Abflussrinnen für die mächtigen Schmelzwässer der Gletscher, nachdem aber nicht mehr genug Wasser vorhanden war um die Täler auszufüllen verlandeten diese relativ rasch. Eine solche Landschaft im Altmoränengebiet, geprägt durch Niederungen mit höher gelegenen Hügeln und Platten, nennt man auch Geest. Im folgenden Text werde ich diesen Begriff für das Altmoränengebiet verwenden.

In einem ebenen Relief wie im Bereich der Grundmoränen kann Erosion sehr schlecht an der Bodenoberfläche angreifen. Das Wasser findet keine Abflussbahnen die hohe Geschwindigkeiten zulassen was für die Ablösung von Material ja zunächst unerlässlich ist. In den tieferen Lagen staut sich das Wasser und gelöste Partikel werden akkumuliert statt abgetragen. Hier kann Bodenbildung einsetzen und eine Vegetationsdecke entsteht die zusätzlich den Boden vor Erosion schützt. Dann kann auch Winderosion nicht mehr so stark angreifen. Bodenantrag ist also in den flachen Gebieten der Geest in erster Linie anthropogen bedingt, natürlicher Abtrag spielt keine übergeordnete Rolle. Bereiche wo Wassererosion wirksam werden kann sind die Endmoränenwälle. Hier ermöglicht das Relief einen Abtrag von Moränenmaterial welches sich dann am Unterhang des Walls sammelt. Die dort ausbleibende oder zu schwache Wasserkraft führt dann dazu dass das Lockermaterial liegen bleibt und die Bodenbildung einsetzen kann. Winderosion war bei der Entstehungsgeschichte der heutigen Geestlandschaft schon stark beteiligt. Wie schon erwähnt wurden die Flugsanddünen hinter den Endmoränen aus der Grundmoränenplatte ausgeweht und weiter im Inland zu Dünen aufgehäuft. An den Hängen wirkt zwar unter Umständen auch Abtrag durch Wasser, durch die gute Infiltrationsfähigkeit des lockeren Materials sickert Regen aber auch sehr schnell ein und es kann sich dadurch gar kein Oberflächenabfluss bilden. In diesem Fall ist Winderosion für die lokale Oberflächengestaltung entscheidend. Ist sie nicht ausreichend um den Oberboden regelmäßig umzulagern entstehen die für solche Standorte typischen Böden (siehe 2.2.). Im Falle von starker und anhaltender Winderosion wird der Sand ständig bewegt und liegt demnach immer in seiner Ausgangsform vor, also als Rohboden. Die Moore stellen die widerständigsten Zonen gegen Erosion dar. Ein dichter Bewuchs von Torfmoosen und schwerer, nasser Boden machen einen Abtrag durch Wind unmöglich. Da das Grundwasser im Moor bis an den Oberboden ansteht ist auch kein erosiv wirkender Wasserabfluss möglich, und im Fall eines Hochmoores bilden sich durch die gewölbte Uhrglasform des Hochmoortorfkörpers bei starken Niederschlägen höchstens kleine Abflussrillen.

<u>2.1.1. Böden der Grundmoränenplatte und der Endmoränen</u>

In Bereichen mit einer natürlichen Entwicklung ist bei den gegebenen Vorraussetzungen die Ausbildung von **Braunerden** typisch. Durch die angesprochene Entkalkung und den Reichtum an silikatischem Material im Substrat wird nach der Versauerung durch eine Humusauflage Verbraunung und Verlehmung gefördert. Dabei werden aus den Silikaten Eisenoxide und -hydroxide frei die für eine typische Braunfärbung sorgen, außerdem sorgt Tonmineralneubildung für eine höhere Bindigkeit des Materials. Braunerden treten selten als Klimaxböden auf, sie weisen meist auch Merkmale von angrenzenden Böden auf und werden von ihnen beeinflusst. Die Profile können sich demnach v.a. in den Übergangshorizonten stark unterscheiden. Vor allem der steigende Tonanteil verändert die Braunerden. Wasser staut sich im Untergrund und verändert sie zu einem Stauwasser beeinflussten Boden, einem sog. **Pseudogley**. Der entstandene Boden wird als **Pseudogley-Braunerde** angesprochen wenn die Vernässungserscheinungen die Braunerdemerkmale nicht überdecken, als **Braunerde-Pseudogley** dann, wenn die Vernässung die Oberhand bei der Bodenbildung hat. Entsteht die Vernässung durch Grundwassereinfluss und nicht durch Stauwasser spricht man im Allgemeinen von einem **Gley**-Boden, demnach bei Braunerden im Grundwasserbereich auch von **Gley-Braunerde** bzw. **Braunerde-Gley**. Das typische Profil wird als A_h - B_v - C - Profil angesprochen.

<u>2.1.2. Böden der sandigen Ebenen und Dünenlandschaften</u>

Die Sandauflage der Geest verändert die dort herrschenden Böden enorm. Gerade die Flugsande der Dünenlandschaften hinter den Endmoränen weisen völlig andere Eigenschaften auf als das Substrat in den Ebenen der Grundmoränenplatte. Sie sind nährstofffrei und durch das lockere Gefüge auch sehr gut wasserdurchlässig. Das sind typische Vorraussetzungen zur Ausbildung eines **Podsols**. Dieser besitzt einen fahlen, gräulichen Oberboden aus dem alle Humusstoffe, Tone und Eisen- bzw. Aluminiumoxide ausgewaschen wurden, ein Prozess den man **Podsolierung** nennt. Der dabei entstandene Auswaschungshorizont (A_e - **Eluvialhorizont**) enthält nur noch den silikatischen Anteil des Ausgangsmaterials, also den Sand. Die Bereitstellung der verlagerten Stoffe zum Transport geschieht durch Humussäuren die in einer mächtigen Humusauflage entstehen. Die Säuren reichern sich im Oberboden an und verhindern so das Überleben von Bodenwühlern die das organische Material in den A-Horizont einarbeiten könnten. Die Säurewerte liegen dort bei ca. pH 3, ein sehr saures Milieu also, welches kein Leben zulässt. Eine schlecht zersetzte, mächtige Humusauflage wie sie für Podsols typisch ist spricht man in der Bodenkunde als **Rohhumus** an.
Die gute Wasserführung des Untergrunds verlagert nun die gelösten Stoffe aus dem Oberboden in einen Einwaschungshorizont oder Illuvialhorizont. Der pH-Wert nimmt mit der Tiefe wieder zu und bedingt ein Ausfallen der Humusstoffe und der gebildeten Oxide. Die Humusstoffe fallen bereits bei niedrigeren Werten aus als die Eisen- und Aluminiumoxide, es bilden sich also je nach Milieu verschiedene Illuvialhorizonte aus. Ein oberer B_h - Horizont (h von Humus) der eine dunkle braun Färbung zeigt, und darunter ein B_s - Horizont mit den ausgefällten Oxiden. Die Bezeichnung *s* wird deshalb verwendet weil Eisen- und Aluminiumoxide als **Sesquioxide** zusammengefasst werden. Nicht selten kann man in diesem Bereich Rosterscheinungen, eine sog. **Rostfleckung**, erkennen. Nimmt der pH-Wert sehr rasch zu kann es auch zur Ausfällung von Humusstoffen und Sesquioxiden im gleichen Horizont kommen, man spricht dann von einem B_{sh} - Horizont. In diesem Fall wird der geringere Stoffanteil bei der Horizontbeschreibung oftmals in Klammern gesetzt (z.B. $B_{(s)h}$).
Bei extrem starker Podsolierung kann es im Unterboden zu einer sehr festen Verkittung der Bodenteilchen kommen, es entsteht feste **Orterde**, oder bei noch stärkerer Verfestigung sogar

Ortstein. Wie bei Braunerden der Ton wirkt er als Wasserstauende Schicht und es entstehen Podsol-Gleyboden Varietäten wie bei den Braunerden.

Nimmt man einer Braunerde die Vegetationsbedeckung kann das Regenwasser leichter in den Boden eindringen und die angereicherten Stoffe verlagern. In diesem Fall geht auch eine Braunerde durch Podsolierung in einen Podsol über, jedoch über Zwischenstadien der **Podsol-Braunerde** bzw. des **Braunerde-Podsols**. Diese Umwandlung wurde ausgelöst durch die Besiedelung des Menschen und den damit einhergehenden Rodungen und der Landnutzung. Damit war der Boden dem Sickerwasser und den Verlagerungsprozessen schutzlos ausgesetzt. Die Humussäuren werden von Pflanzen geliefert die vom Vieh verschont werden. Sie wird allgemein als **Heidevegetation** zusammengefasst. Sie sind die einzigen die sich auf den genutzten Flächen halten können und somit die Humusauflage bilden. Das saure Milieu vertreibt Bodenwühler und Rohhumus bildet sich aus, der Boden wird durch Tier und Mensch zusätzlich aufgelockert und die Umwandlung von einer Braunerde zum Podsol kann ungestört einsetzen.

2.1.3. Böden der Niederungen und Urstromtäler

Wie schon erwähnt zeigt das Relief der Geest häufig Mulden und Niederungen. Wegen des festen Geschiebemergels im Untergrund und durch Tonminerale die bei der Verbraunung entstehen sind diese tiefen Lagen prädestiniert um Wasser anzusammeln und zu stauen. Es entstehen die vorhin schon beschriebenen Pseudogleye die bis in den Oberboden stark durchnässt sind. Wasserstau im Unterboden kann aber auch in höheren Lagen zustande kommen, je nach Untergrund. In Tiefen Lagen wird der Boden jedoch vom schwankenden Grundwasserstand beeinflusst der in dieser Küstennähe relativ zur Geländehöhe gesehen recht hoch ist. Auch diese Böden, Gleye, wurden vorhin schon erwähnt. Sie unterscheiden sich von den Pseudogleyen durch eine Zweiteilung des Unterboden-Horizonts (bei Gleyen G-Horizont, von Grundwasser) in einen **Oxidations- und** einen **Reduktionshorizont** (G_o bzw. G_r). Während bei Pseudogleyen das Eisen überall in reduzierter Form vorliegt trifft das beim Gley nur für den Reduktionshorizont zu. Der obere Oxidationshorizont fällt bei Absinken des Grundwassers trocken und das Eisen kann oxidiert werden. Das Grundwasser schwankt periodisch, es steigt im Winter an und sinkt im Sommer ab. Durch das oxidierte Eisen kann im G_o - Horizont auch Rostfleckung eintreten. Fällt ein Gleyboden trocken sind die Vorraussetzungen für chemische Verwitterung gegeben, es kommt zur Bildung von Tonmineralen und zur Freisetzung von Sesquioxiden, also zu Verlehmung und Verbraunung. Aus dem Gley bzw. Pseudogley entwickelt sich in diesem Fall eine typischeBraunerde.

Ist in den Grundwasserbeeinflussten Gebieten das Angebot an organischem Material sehr hoch können sich dort auch **Moore** bilden. In erster Linie sind das Versumpfungsmoore die durch sehr hoch anstehendes Grundwasser entstehen und auch die Bodenbildung ist davon beeinflusst. **Torf** ist der charakteristische Boden für Moorlandschaften. Er entsteht durch den gehemmten Abbau von organischem Material durch die extreme Durchnässung des Untergrunds. Ist in einem mineralischen Bodenhorizont mehr als 30% organische Substanz enthalten spricht man bereits von Torf. Je nach Situation im Moor handelt es sich um Niedermoortorfe oder Hochmoortorfe. In Norddeutschland haben sich in den Ebenen und Urstromtälern zahlreiche Niedermoore ausgebildet, im Niedersächsischen Raum führte das besonders ebene Relief zusätzlich zur Hochmoorbildung ohne Grundwassereinfluss. Der Boden der aus verschiedenen Torf-Horizonten aufgebaut ist wird vereinzelt auch **Torfmoor** genannt, meist ist von **Torfboden** die Rede.

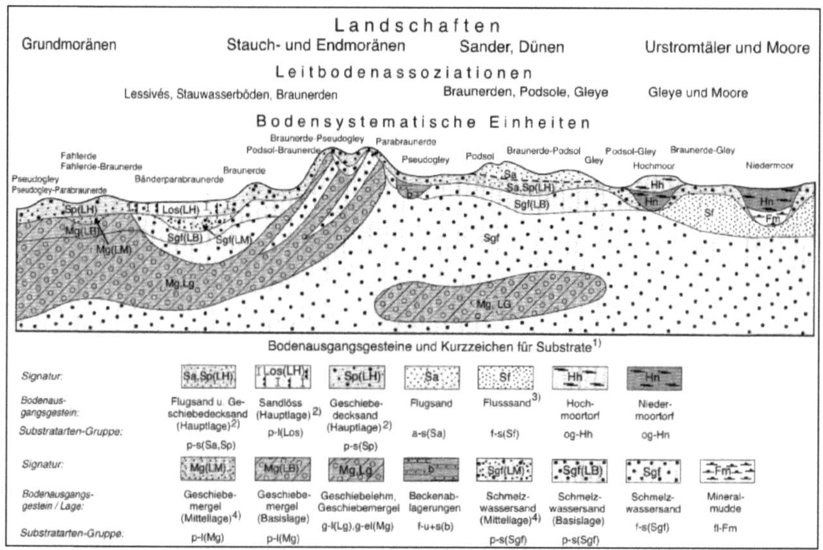

(Abb. 4: Profil der Landschaft des Altmoränengebiets - Quelle: Bodenkundl. Kartieranl, 2005, 322)

2.2. Die Bodenregion der (überregionalen) Flusslandschaften

Von der Bodenregion der Flusslandschaften ist in Niedersachsen nur die Großlandschaft der Flussauen und jungen Flussterrassen vertreten. Die Flüsse Elbe und Weser weisen dabei eine ausgeprägte Auenlandschaft auf. Die Aue ist ein Landschaftstyp der im tiefsten Teil des Talbodens durch Überschwemmungen, und damit verbundene Akkumulation von Feinmaterial der Flussfracht entsteht. Die Sedimente werden auch Auenlehm genannt, die Korngrößen bewegen sich im Bereich der Schluff- und Tonfraktion mit etwas Sand. Auenlehme können verschieden mächtig werden, Maxima erreichen die Schichten nördlich des deutschen Mittelgebirges an Elbe, Weser und Rhein. An den Unterläufen der Flüsse ist durch die Ablagerung größerer Kornfraktionen weiter südlich nur noch überwiegend Ton in der Flussfracht enthalten. Man spricht bei Auenablagerungen in diesen Regionen auch von Auentonen. Ausgelöst wurde die Entwicklung der Aue durch das Abholzen der Vegetation am Flussrand durch den Menschen. Der Flussferne Bereich in höheren Lagen ist noch stark vom Grundwasser beeinflusst, jedoch ist der mittlere Wasserstand eher niedrig im Vergleich zu den Flussnahen Bereichen der Aue. Er kann bei Hochwässern jedoch stark schwanken und kurzzeitig bis in den Oberboden vernässen. Bei erneuten Überschwemmungen werden dort auch wieder junge Sedimente abgelagert und die Mächtigkeit der Aue wächst an. Flussnahe Bereiche haben einen relativ ausgeglichenen Grundwasserspiegel und werden teilweise vom fließenden Gewässer mit beeinflusst.

Genau diese vom Fließgewässer beeinflussten Bereiche unterliegen auch starker Abtragswirkung durch Wasser. Das Material wird im Flussbett am Prallhang aus dem Verbund gelöst und mit dem Fluss weiter transportiert. In ruhigen Fließabschnitten wird es dann am Gleithang wieder abgelagert. Der Fluss schneidet sich in das Angrenzende Festland hinein. Die feuchten Böden der Flussaue die nicht direkt vom Gewässer weggespült werden sind dem Oberflächenabtrag jedoch kaum ausgesetzt. Wind kann auch hier den nassen Boden nicht ablösen, die Auevegetation verhindert noch dazu hohe Windgeschwindigkeiten. Wassererosion ist nur in geringem Maße vorhanden. Bei Regenfällen wird in kleinen Rillen feines Oberflächenmaterial in den Fluss gespült, die niedrige Hangneigung der Auenfläche und der Pflanzenbewuchs verhindern aber auch hier erwähnenswerten Abtrag. In Auengebieten stehen sich also zwei grundlegend verschiedne Bereiche direkt gegenüber, der erosionsgeprägte Fließwasserbereich, und der von Materialakkumulation geprägte Saum der Flussaue.

2.2.1. Böden der Flussauen an Elbe und Weser

Die Böden der flussfernen Auensedimente werden als **Auenböden** bezeichnet. Einige Beispiele sind Rambla, Paternia oder Vega (ein Braunerde ähnlicher Boden) die ihrerseits noch Subtypen haben. Für sie gelten die in Punkt 2.2. bereits erwähnten Umstände inwiefern sie vom Grundwasser beeinflusst werden. Ihre Unterscheidung erfolgt durch Unterschiede im Substrat und der Humusschicht.
Im flussnahen Bereich kommt es durch hoch anstehendes Wasser zur Ausbildung von Gleyböden. Der **Auengley** ist ein von der Auendynamik voll beeinflusster Boden. Das heißt er erfährt ebenfalls starke Grundwasserschwankungen und bildet deshalb den typischen zweigeteilten G-Horizont aus. Der Auengley wird durch das Voranstellen eines kleinen **a** vor dem Horizontsymbol gekennzeichnet (z.B. **aGo**). Direkt am Ufer wird der Gley durch das fließende Gewässer mit geprägt. Durch die ständige Nachfuhr von sauerstoffreichem Wasser ist nur ein Oxidationshorizont erkennbar, der Reduktionshorizont kann nicht entstehen. Demnach heißt dieser Boden auch **Oxigley**. Sein Profil beschränkt sich auf zwei Horizonte **(A_h - G_o)**. Bei starker Vernässung über lange Zeit kann sich in oder nahe der Aue auch eine Moorlandschaft entwickeln, meist mit Übergangsstadien der stark vernässten Gleye wie etwa **Nassgley** oder **Anmoorgley.**

2.3. Die Bodenregion des Küstenholozäns

Diese Bodenregion ist in Deutschland nur an der Norddeutschen Wattküste zu finden und zwar weil sie fest mit den Gezeiten des Meeres verbunden ist. Nach dem Schmelzen des Inlandeises stieg der Meeresspiegel und hat begonnen an der Geest Wattsedimente abzulagern. Dies ist eine Mischung aus Sand und organischem Material, sog. **Wattschlick**. Durch den Tidenhub wird nun woanders erodiertes Material auf dem Watt abgelagert und erhöht so den überfluteten Strandbereich. Steigt die Landoberfläche durch ausreichende Sedimentation über den regelmäßig von Meerwasser überspülten Bereich (MThw-Linie) siedeln dort salzliebende Pflanzen, die Halophytenvegetation. Sie unterstützen das Verlanden der Küstennahen Bereiche noch indem sie Feinmaterial bei Sturmfluten zusätzlich halten und die Bodenmächtigkeit erhöhen. Bei diesem Prozess entsteht der Landschaftstyp der **Marsch**. Er umfasst alle Böden die von der Gezeitenwirkung des Meeres und dem einhergehenden schwankenden Grundwasserspiegel beeinflusst sind. Die Tide wirkt jedoch nicht nur an der Küste sondern beeinflusst den Wasserstand bis weit in die Ästuare von Elbe und Weser hinein. Deshalb müssen auch große Teile der Flussunterläufe zur Bodenregion des Küstenholozäns gezählt werden. Es werden drei Typen von Marschlandschaft unterschieden, je nach Zusammensetzung der abgelagerten Sedimente. Die **Flussmarsch** ist zwar noch vom Tidehub beeinflusst, sedimentiert aber nur im Süßwasserbereich des Flussunterlaufs und ausschließlich fluviale Sedimente. Die **Brackmarsch** entsteht im Bereich wo sich Süß- und Salzwasser vermischen, es werden also sowohl fluviale Sedimente abgelagert sowie Seesedimente mit organischen Anteilen. Es entsteht der **Marschenschlick** mit einem hohen Tonanteil da der Fluss an der Mündung fast nur noch kleinste Korngrößen in seiner Fracht hat. Der an der Küste auf dem Watt sedimentierte Schlick hat einen hohen Sand- und Schluffgehalt. Diese Sedimente sind rein marinen Ursprungs und werden demnach als **Seemarsch** oder **Salzmarsch** bezeichnet. Der Salz- und Kalkgehalt ist durch das Meerwasser und durch Muschelschalen weit höher als der Marschen im Inland. Nach der Ablagerung machen sie einen Entsalzungsprozess durch, das NaCl wird durch Regenwasser aus dem Oberboden ausgewaschen. Die verschiedenen Bildungsmöglichkeiten der Marsch bringen auch viele Typen von Marschböden mit sich.

Erosionsanfällig sind die Böden dieser Region in verschiedenem Maße, je nach geographischer Situation. Das fließende Wasser der Trichtermündungen hat in oberen Bereichen noch Energie um an den Ufern weiter zu erodieren, jedoch sinkt zum Meer hin die Fließgeschwindigkeit stark ab und selbst kleinste Korngrößen werden schon sedimentiert. Ein Abtrag ist bei solchen Umständen kaum noch möglich, evtl. zu Hochwasserzeiten mit stark erhöhtem Abfluss. Das die Marschen eher Bereiche der Verlandung als des Abtrags sind wird schon aus der oben beschriebenen Entstehung ersichtlich. Das Gefälle ist einfach zu gering und auch die Erosionsbasis, nämlich das Meer, ist so nahe der Landoberfläche das keine hohen potentiellen Energiebeträge erreicht werden können. Der Wind weht in den Küstenbereichen sehr viel stärker als im Inland, dennoch tut er sich bei der Erosion der Marschböden schwer. Einerseits die Durchfeuchtung, und andererseits auch das feinkörnige Schlickmaterial führen zu einer kompakten Lage der Bodenkörner. Die Erosion der Meeresströmung an der Küste wird deutlich wenn man sich die vor gelagerten Nordseeinseln betrachtet. Die Erosion hat sie vom Festland getrennt und es haben sich die Wattbereiche gebildet die je nach Tidenhub trocken fallen. Diese Inseln bieten den besten Angriffspunkt für Winderosion da sie ungeschützt zum offenen Meer hin liegen. Durch die Tide abgelagerter Sand wird durch den Wind ins Innere der Insel transportiert und als Dünenwall abgelagert. Anders als bei den Dünen auf der Geest hinter den Endmoränen reicht hier die Windenergie aus um Bodenbildung zu verhindern. Zwar bilden sich in Muldenlagen auch Stauwasserböden aber es sind doch in erster Linie Rohböden die das Bild der Dünenlandschaft ausmachen. Je nachdem wie geschützt eine Düne gegen den Windeinfluss ist kann sich auch hier Boden bilden der den Untergrund dann gegen weiteren Abtrag teilweise schützt. Dies ist der Fall bei Dünen die weiter im Kern der Insel liegen, dort wo der Wind von den Dünen direkt an der Küste etwas abgebremst wird. Die Unterscheidung der verschiedenen Dünenbereiche wird bei der Bodenbetrachtung von Borkum noch näher erläutert (siehe 2.3.3.).

2.3.1. Böden der Ästuargebiete von Elbe und Weser

Bei einer frisch abgelagerten Marsch spricht man in jedem Fall von einer **Rohmarsch**. Wie der Name schon sagt sind die Sedimente nach der Ablagerung noch nicht durch Bodenbildungsprozesse verändert worden, sie liegen sozusagen roh vor. Im Bereich der fluvialen und vor allem brackischen Sedimente der Flussästuare kann sich auch eine **Organomarsch** ausbilden. Dies ist ein Marschboden aus kalkfreiem Sediment mit einem hohen Anteil an organischem Material, einem sauren und humusreichen Oberboden und starker Vernässung. Das Profil ist das eines Gleys mit Oxidations- und Reduktionshorizont unter humosem Oberbodenhorizont.

Tritt in der Marsch eine Tonmineralbildung bzw. Tonverlagerung auf wirkt Stauwasser auf den Marschboden ein. Ein tonreicher, Wasser stauender Horizont kann auch durch Sedimentation von Tonlagen entstehen, v.a. im Bereich wo auch Flusssedimente eine Rolle spielen. Es entsteht eine **Knickmarsch** mit einem für sie typischen S_q **- Horizont**, einer stauenden Schicht aus feinkörnigem Material. Je nachdem wie stark diese Schicht ausgeprägt ist spricht man von einem Knick-Horizont oder einem knickigen Horizont.

<u>2.3.2. Böden der Marschen und Moore im Tideeinflussbereich</u>

Wie schon erwähnt wird eine frisch abgelagerte Marsch als Rohmarsch angesprochen, dies ist auch im Falle der Seemarschen so. An der Meeresküste ist das Material natürlich stark salz- und kalkhaltig wenn es eine neue Marsch bildet. Verfolgt man die Marschböden vom Strand bis ins Landesinnere fällt einem eine Abfolge aus immer weiter entwickelten Marschböden auf (siehe Abb.5). Ist die Landoberfläche bereits bis 50cm über die mittlere Tidehochwasserlinie angewachsen, und durch Auswaschungsprozesse der Oberboden entsalzt, spricht man von einer **Kalkmarsch**. In ihr sind Bodenwühler aktiv und lockern das Material auf. Daraufhin greifen Entkalkung und Oxidation von Eisen noch stärker an und die weitere Bodenentwicklung lässt die Kalkmarsch in die **Kleimarsch** übergehen.
Dieser Boden ist schon bis weit unter die Geländeoberfläche entkalkt, der Ah - Horizont ist gut ausgebildet und stark basengesättigt. Für die Kleimarsch typisch ist dass in diesem Stadium Verbraunungs- und Verlehmungsprozesse einsetzen. Bei fortschreitender Bodenentwicklung kommt es zu Tonverlagerung und es wird in das Stadium der **Knickmarsch** übergeleitet (siehe 2.3.1.)
Die tonige Schicht der Knickmarsch führt nicht selten zum Stau von Regenwasser. Durch den Einfluss des Grundwasserspiegels vermischt sich das Regenwasser mit dem Meerwasser und schafft ein brackisches Milieu. Bei einem ausreichenden Angebot an organischem Material kann sich hier eine Organomarsch ausbilden. Bei einer andauernden Durchnässung des Bodens und weiterer Zufuhr organischen Materials, etwa von der anschließenden Geestfläche, verbreiten sich als letztes Glied der Kette von küstennahen Böden auch Moore.

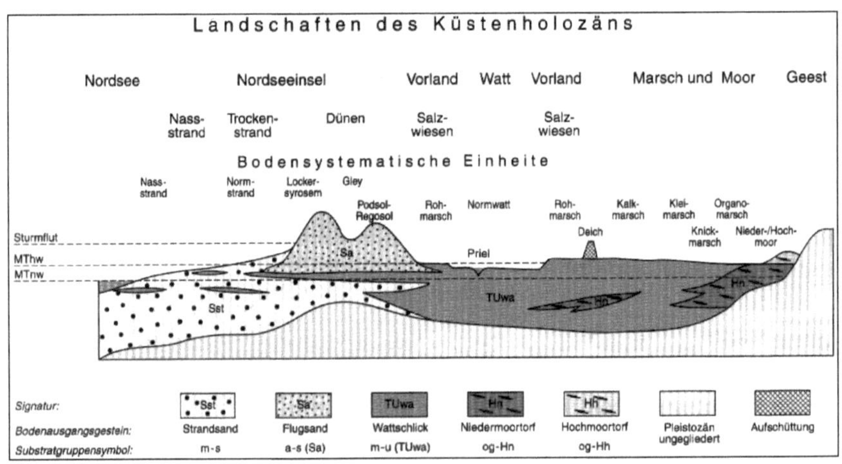

(Abb. 5: Profil einer idealtypischen Landschaft des Küstenholozäns - Quelle: Bodenkdl. Kartieranl. 2005, 324)

Borkum ist eine **Geestkerninsel,** d.h. sie entstand auf denselben alt-Pleistozänen Geschiebemergeln wie wir sie in der niedersächsischen Geest finden. Der Vorstoß der Nordsee nach der letzten Kaltzeit überdeckte den kompletten Geestkern mit Wattsedimenten und anschließend mit marinen Sanden die über die Meeresströmung an die Nordseeküste transportiert wurden. Der Wind bläst nun über die Inselkuppe und trägt Sand vom Meersandbereich ab um ihn dann ins Innere der Insel zu verlagern. Dort entstanden **Dünen** aus lockerem **Flugsand** die zum Teil ständig verändert werden und deshalb keine Bodenbildung zulassen.

Der Sandstrand wird unterteilt in den **Nassstrand,** welcher bei Tidehochwasser komplett überspült wird, und den **Normstrand** ohne Einfluss des Meeres abgesehen bei Sturmflut. Dieser Bereich zeigt keine Bodenbildung und hat auch keine Humusauflage. Zumindest im Bereich des Normstrands kann eine lückenhafte Vegetation aus halophilen Pflanzen gedeihen. Der typische Oberbodenhorizont von Strandböden ist ein **Ai-Horizont**, mit dem wie erwähnt fehlenden Humus und einer kaum sichtbaren, initialen Bodenbildung (**Ai** von Initialstadium). Die Dünenbereiche direkt am Strand, die Zone der **Weißdünen**, sind durch Schalenreste, die vom Wind mit umgelagert wurden, kalkhaltig. Der ständig angreifende Wind verhindert erwähnenswerte Bodenbildung, deshalb sind in diesem Bereich auch nur Böden mit geringmächtiger oder fehlender Ablagerung organischer Substanz und auch nur initialer Bodenbildung. Rohböden auf kalkigem, lockerem Material wie beschrieben werden **Locker-Syrosem** genannt. Der Wind- und Meerwassereinfluss nimmt zum inneren der Insel hin ab. Der Boden wird mit der Zeit entkalkt und entsalzt und die fehlende Winderosion lässt eine Akkumulation organischen Materials zu. Die Rohböden auf kalkarmen oder kalkfreien Standorten die auch einen humosen Oberboden aufweisen sind **Ranker** oder **Regosole**. Sie sind im **Grau-** und **Braundünenbereich** anzutreffen.

Die Ranker sind noch wenig ausgebildet und werden auch noch durch Erosion an der Bodenentwicklung gehindert. Der Ah-Horizont ist geringmächtig und er hat auch keine Humusauflage. Auf Sanddünen mit carbonatfreiem, lockerem Boden spricht man ihn auch als **Locker-Syrosem-Ranker** an, was der Vergesellschaftung mit den auf Dünen verbreiteten Syrosemen entspricht.

Regosole sind Abtragungsprozessen weniger stark ausgesetzt so dass sich eine Mullhumusauflage ausbilden kann, auch der humusreiche Oberboden ist im Normalfall mächtiger als beim Ranker. Im Falle der Flugsanddünen ist er jedoch nur dünn ausgebildet, etwa im Bereich um 2cm. Man spricht dann wie bei den Rankern von einem **Locker-Syrosem-Regosol**. Wird das Material nicht weiter verlagert und es kann sich eine richtige Bodenbildung einstellen entwickeln sich die Dünenböden weiter zu Braunerden bzw. Podsolen. Es entstehen hier wieder viele Übergangsstadien je nach Situation im Mikrorelief der Dünenlandschaft. Die Varietäten der beteiligten Böden sind **Podsol-Regosol, Braunerde-Regosol, Braunerde-Ranker** und **Podsol-Ranker**.

Dünen bilden auch Dünentäler aus die im Falle von anstehendem Grundwasser ständig feuchte Standorte sind. In diesen Senken entstehen oft **Moorerden**, bei fehlendem Material zur Torfbildung ist das ein typischer Standort für Gleye. Tritt im inneren Bereich podsolierung ein entsteht unter Umständen auch ein schlecht durchlässiger Orterde- bzw. Ortsteinhorizont, Staunässe führt dann zu einem Pseudogley falls das Wasser durch das Dünenrelief nicht abfließen kann.

Die tieferen Lagen der Insel werden von Meersedimenten aufgehöht, es entsteht auch hier eine typische Seemarsch. Die größten Teile werden von einer Kalkmarsch überdeckt die sehr hohe Gehalte an $CaCO_3$ aufweisen weil die Menge an kalkigen Schalenresten die auf der Marsch abgelagert werden höher ist als am norddeutschen Festland. In den inneren Bereichen bildet sie sich auch auf Borkum zu einer Kleimarsch um, bedingt durch Entkalkung und Verbraunung.

Man kann allgemein sagen dass Nährstoff-, Kalk- und Salzgehalte von der Küste zum inneren des Inselkörpers abnehmen, und auch die Erosion sowie der Nachtransport von jungem Flugsand ist dort weniger wirksam. Die Bodenbildung ist deshalb an der Küste stark gehemmt und kann erst im Bereich der Graudünen langsam einsetzen. Trotzdem ist der Sandkern aus feinem Flugsand höchst anfällig für Erosion, deshalb sind dort auch in erster Linie Rohböden verbreitet. Nur dort wo der Boden schon eine gewisse Entwicklung erreicht hat ist er resistent genug um eine feste Bodenoberfläche zu bilden die dann auch vom Wind nicht mehr so leicht aufgebrochen und verlagert werden kann.

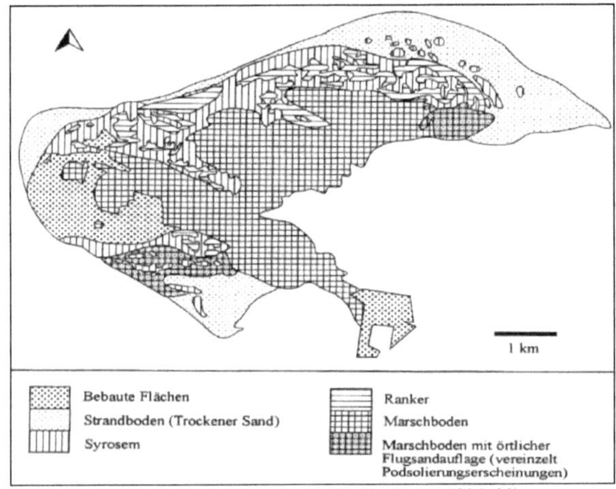

(Abb. 6: Bodenkarte der Insel Borkum - Quelle: Peters 1996, 28)

Literaturverzeichnis

Bakker, Th. W. M. (Hrsg.): Dunes of the European coasts: geomorphology - hydrology - soils. Catena Verlag, Cremlingen-Destedt 1990. S. 159-161

Bundesanstalt für Geowissenschaften und Rohstoffe (Hrsg.): Bodenkundliche Kartieranleitung. 5. verbesserte und erweiterte Auflage. E. Schweizerbartsche Verlagsbuchhandlung, Stuttgart 2005.

Fiedler, H.J.: Böden und Bodenfunktionen: in Ökosystemen, Landschaften und Ballungsgebieten. Expert Verlag, Renningen 2001. S. 441-447.

Heinze,A. / Buschbom-Helmke,G. (Hrsg.): Boden in Ostfriesland. Pädagogische Fachstelle, Aurich 1990. S. 6-11.

Kunze, H./Roeschmann, G./ Schwerdtfeger, G.: Bodenkunde. 5. neubearbeitete und erweiterte Auflage. Ulmer, Stuttgart 1994. S. 307-313.

Leser, Hartmut (Hrsg.): Wörterbuch Allgemeine Geographie. 12. Auflage. DTB und Westermann Verlag, München 2001.

Liedke, H./Marcinek, J. (Hrsg.): Physische Geographie Deutschlands. 3. überarbeitet und erweiterte Auflage. Klett - Perthes, Stuttgart 2002.

Morgan, R.C.P: Bodenerosion und Bodenerhaltung. Thieme, Stuttgart 1999. S. 1-9.

Peters, Michael: Vergleichende Vegetationskartierung der Insel Borkum und beispielhafte Erfassung der Veränderung von Landschaft und Vegetation einer Nordseeinsel. In: Dissertationes Botanicæ Band 257. Gebrüder Borntraeger Verlagsbuchhandlung, Berlin - Stuttgart 1996. S. 26-29.

Internetquellen:

Titelbild: http://pubs.caes.uga.edu/caespubs/pubcd/B1217.htm

http://www.bl.ch/docs/bud/boden/fotos/erosion/main-erosion.htm
http://www.griffith.edu.au